HEALTHY VEGAN DOGS

wie man Hunde gesund vegan ernährt

MARTINA HINTERWALLNER

MH VERLAG WIEN

Copyright © 2014 Martina Hinterwallner
alle Rechte vorbehalten
Verlag: Martina Hinterwallner (MH) Verlag Wien
Druck: Finidr.cz
Lektorat: Karin Leherbauer
Fotos Rezepte/Design/Gestaltung/Text/Rezepte: Martina Hinterwallner
Coverfoto, Marktfotos: Martin Siebenbrunner
alle anderen Fotos: Shutterstock
ISBN: 978-3-9503841-0-9

Inhalt

4	Vorwort, warum ich dieses Buch schrieb
5	Industrielles Fertigfutter
14	Die neue faszinierende Welt
15	Gute Protein-Quellen
17	Domestizierung zeigt die Anpassung an eine stärkereiche Ernährung
20	Zwei wichtige Petitionen
24	Zum Thema Pelz
25	Reiß- und Zerrspiele
27	Obst, Gemüse, glutenfreies Getreide und andere Leckerchen
28	Nahrungsergänzung
28	Was der Hund NICHT fressen darf
29	Hilfe, mein Hund mag kein Obst oder Gemüse!
29	Chlorophyll und Smoothies
31	Glutenfreie Rezepte
44	Rezepte mit Gluten
47	Glutenfreie Leckerlis
50	Leckerlis mit Gluten
52	Empfehlungen und weitere Informationen
56	Über die Autorin
57	Spenden

Vorwort

Wir befinden uns in einer Zeit des Wandels, in einer Revolution der Menschheit! Immer mehr Menschen beginnen, bewusst und aufmerksam durchs Leben zu gehen und hinterfragen die Lebensmittelindustrie. Zum einen aus ethischen oder ökologischen Gründen, zum anderen wegen ihrer eigenen Gesundheit.
Und was für den Menschen nicht gesund sein kann, ist es genauso wenig für seinen Liebling den Hund!

Warum ich dieses Buch schrieb

Ich liebe Hunde!
Meine Hunde sind von Beginn an meine besten Partner! Durch sie werde ich täglich inspiriert, habe erkannt was das Wesentliche im Leben ist, bin durch sie immer respektvoller zu allen Lebewesen und meiner Umwelt geworden und von Tag zu Tag verantwortungsbewusster und mitfühlender. Ich war immer schon ein hochsensibler, feinfühliger und tierliebender Mensch, habe den Beschützerinstinkt in mir, aber erst durch meine Hunde konnte ich es wirklich leben! Ich habe mir, neben meinen Hunden, das größte Geschenk selbst gemacht: Ich wurde im Frühling 2012 Veganerin. Erst durch die vegane Lebensweise habe ich mich aufmerksam, bewusst und genau mit der Ernährung für mich und für meine Hunde auseinandergesetzt. Eine völlig neue faszinierende Welt mit unglaublich vielen gesunden und guten Produkten, eine Vielfalt an Nahrungsschätzen, als wäre man im Schlaraffenland, hat sich vor mir aufgetan!

Vegane Gerichte und vegane Rohkost-Speisen kombiniert mit Superfoods, die den höchsten Nährstoffanteil an Vitalstoffen haben, Smoothies und klares Wasser: Das ist für mich die einzig richtige Ernährung für den Menschen.
Man fühlt sich leicht, klar im Kopf, gestärkt und fit und wenn man einmal damit anfängt, möchte man nicht mehr wieder zurück.
Ich möchte reine Nahrung (clean food) essen und anbieten: ohne E-Zusatzstoffe, Glutamate und Ascorbinsäure, die in Bio-Produkten nicht enthalten sind. Deshalb sind alle Zutaten, die ich verwende, ausschließlich BIO und gut ausgewählt.

Ich entgifte und entschlacke auch regelmäßig meinen Körper (und somit auch den Geist), indem ich Detox-Tage einlege.

In diesen 3 Tagen trinke ich nur Smoothies!

Es gibt viele verschiedene Arten von Pflanzengrün, die die Selbstheilungskräfte unseres Körpers aktivieren, generell vorbeugen und ich glaube, dass es das gesündeste Nahrungsmittel überhaupt für Menschen und Tiere ist.

Starten Sie mit grünen Smoothies! Sie werden sehen, wie Sie sich verändern und Ihr Körper und Geist wird es Ihnen um ein Vielfaches positiv zurückgeben und Ihnen danken.

Genauso ist es auch für Hunde.

Seit dem Welpenalter habe ich immer das Beste für meine Hunde machen wollen, wurde jedoch von vielen falsch beraten. Ich kaufte zuerst (hochpreisiges) Trockenfutter, das mit der Zeit meiner Hündin die Magenenzyme schädigte, sodass sie immer wieder nach dem Fressen brechen musste.

Das mitanzusehen, tat mir so weh, dass ich begann nachzudenken. Da konnte doch etwas nicht stimmen! Außerdem denke ich, dass täglich das gleiche Fressen unglaublich fad sein muss und nicht gesund sein kann. Meine Hündin litt unter stumpfem Fell und Schuppen.

Da mir meine Hunde das Liebste sind, musste ich etwas ändern!

Industrielles Fertigfutter

Ich recherchierte und recherchierte, las viel, und bekam immer mehr Informationen, die meine Vermutungen bestätigten.

Bezüglich Trockenfutter bzw. generell industriell verarbeitetem Futter erfuhr ich Folgendes:

Trockenfutter macht vielen Hunden die Enzyme im Magen und Darm kaputt, da auch Abfallprodukte enthalten sind, abgesehen von chemischen Zusätzen, Konservierungsstoffen und vielen Zusatzstoffen, die mitverarbeitet werden. In Tierfutter werden verschiedene Tierarten, z. B. Fische für das darin enthaltene Fischmehl, verarbeitet.

Es kann leider durchaus sein, dass Straßenhunde und -katzen für Haustiere im Futter landen. Grausame Tierversuche werden an anderen Hunden und Katzen für unsere Haustiere betrieben.

Bei vielen Hunden, die von Geburt an über Jahre mit diesem Fertigfutter großgezogen worden sind, funktioniert die überforderte Bauchspeicheldrüse nicht mehr richtig und es fehlen wichtige Enzyme, Aminosäuren usw. Es kommt in den meisten Fällen zu Erkrankungen des Magendarmtraktes, des Zahnfleischs und der Knochen.

Viele Hunde leiden aufgrund der Fertigfutterprodukte an einem erkrankten Verdauungssystem wie z. B. an Sodbrennen mit Würgeanfällen, Gallensaft brechen und Krämpfen, immer wieder das Futter herausbrechen, an Neurodermitis, Haut- und Fellproblemen und weiteren Erkrankungen. Viele gerettete Hunde aus Hundelagern, Tötungsstationen oder Tierheimen, die aus Kostengründen mit billigem Fertigfutter am Leben gehalten werden, haben die gleichen Verdauungs-Erkrankungen und Probleme. Wenn die Hunde älter werden, bekommt man dann die Rechnung dafür!
Industrielle Fertigfutter-Produkte zerstören die Enzyme, Vitamine und Proteine! Deshalb fügt man in synthetischer Form diese Vitamine und Mineralstoffe wieder hinzu.

Bei einer natürlichen, rohen und frischen Ernährung für Hunde ist der Bedarf an Enzymen, Vitalstoffen, Mineralien und Proteinen gedeckt.

Deshalb bekommen meine Hunde viel grünes Blattgemüse (Pflanzengrün) und Obst und ich lasse sie draußen gerne Gras fressen.

Wie beim Menschen gibt es auch beim Hund klassische Zivilisationskrankheiten, die meistens vom Verzehr der Industrieprodukte kommen:

Herz-, Leber-, Nierenschäden
Diabetes
Herzkreislauferkrankungen
Mundgeruch, Karies
Arthrose
Krebs
Allergien
Haut- und Fellprobleme
Verdauungsprobleme

HEALTHY VEGAN DOGS

Tierarzt Dr. Andrew Knight in einem Artikel (LIFESCAPE ANIMALS Mai 2008)
über die beste Ernährung für Haustiere:

Die Folgeschäden aus industriell fleischbasierten Fertigfutterprodukten sind enorm und schwer zu vermeiden.

Dieses Futter kann enthalten:

- Schlachtabfälle mit hohen Antibiotika- und Hormonanteilen
- 4-D-Fleisch (Fleisch von toten und kranken Tieren, die nicht für den normalen Verzehr geeignet sind und behindert, krank, sterbend oder tot bei der Ankunft im Schlachthof sind und mit Namen wie „Fleisch-Derivate" oder „Nebenprodukte" getarnt werden)
- altes oder verdorbenes Supermarktfleisch
- Hunde und Katzen aus Tierheimen, ebenso giftig sind Flohhalsbänder, die nicht immer entfernt werden.
- altes Fett aus Restaurants mit gefährlichen freien Radikalen
- verdorbener Fisch mit hohem Gehalt an Quecksilber und PCB.
  (Fische haben leider keine entwickelten Mechanismen, um Schadstoffe aus zuscheiden, daher reichern sich Schadstoffe wie Quecksilber und PCB in ihrem Gewebe an)
- Viren, Pilze, Bakterien, Toxine, Eiter und viele andere Gifte
- gefährliche Konservierungsstoffe

Geschmacklich verändert mit „Digest", einer Suppe aus ausgelösten Hühnerinnereien.

Es überrascht nicht, dass folgende Erkrankungen als Spätfolgen aufgrund dieser kommerziellen Fütterung eintreten: Nierenschäden, Immunschwäche, Störungen des Bewegungsapparates, Infektionen, Augenprobleme, Hautschäden, Herzleiden, Erkrankungen der Leber und des Nervensystems.
Als praktizierender Veterinär stimme ich zu, dass diese degenerativen Krankheiten viel häufiger auftreten als sie sollten und dass viele davon die Folgen der schädlichen Inhalte der kommerziellen fleischbasierten Futtermittel sind.

Link: **http://www.andrewknight.info/resources/Publications/Vegetarianism/ AK-Veg-animals-Lifescape-2008-May-74-6.pdf**

Das war nur die Kurzfassung und einige Quellen dazu sind auf den Seiten 54-55 aufgelistet.

HEALTHY VEGAN DOGS

Waren Sie schon mal im Süden und haben die Straßenhunde beobachtet?
Die ernähren sich von Abfällen und nicht davon, dass sie sich untereinander auffressen.

Als meine Hündin ca. 3 Jahre alt war, bin ich dazu übergegangen, ihr frisches Fressen zuzubereiten, jedoch 2 Jahre lang mit Fleisch.
Ich war noch nicht Veganerin und aß selbst ab und zu Fleisch, Fisch und Käse. Klar, Omnivor eben!
Auch meine Hündin bekam immer wieder Käse-Leckerlis, Joghurt und Fisch.
Es gab aber keine konventionellen Fertigfutter-Produkte mehr für sie.
Im Frühling 2012 wurde ich Veganerin!
Fast täglich bedanke ich mich bei mir selbst für dieses großartige Geschenk!!
Ich wurde einfach immer bewusster, nachdem ich bereits im August 2009 zum Rauchen und Alkohol trinken aufgehört hatte. Ich hatte immer Tiere in meinem Leben und liebte sie seit meiner Kindheit! Ich hatte mir nur nie so viele Gedanken gemacht!

HEALTHY VEGAN DOGS

Erst als Veganerin erkannte ich, dass es zwischen einem Kalb und einem Hund keinen Unterschied gibt. Früher habe ich immer nur das Endprodukt gesehen und nie das Tier, das dahintersteckt. Es sind beide zwei fühlende Lebewesen mit einem zentralen Nervensystem, die Angst und Schmerz empfinden können, wie der Mensch.
Bei mir dauerte die Umstellung vom Omnivor zur Veganerin einen Monat, da für mich Vegetarierin nie ein Kompromiss oder eine Alternative war.
Ich weiß, wie brutal die Milchindustrie ist und dass das Kasein (Milchprotein) der größte Verursacher von Krebs ist sowie auch Osteoporose, Neurodermitis, Akne, Brustkrebs, Prostatakrebs, Diabetes, Schlaganfall, Herzinfarkt, Demenz und viele klassische Zivilisationskrankheiten vom Verzehr der Kuhmilch kommen können.

Abgesehen davon trinken die wenigsten direkt gemolkene Milch und nach meinen Recherchen muss Kuhmilch bis zu 30 chemische Prozesse durchlaufen, bevor sie so strahlend weiß in die Verpackung kommt. Die wenigsten Leute wissen, dass Kühe permanent schwanger sein müssen, um Muttermilch geben zu können. Deshalb werden sie regelmüßig künstlich befruchtet und somit geschwängert. Sobald das Kalb geboren wird, wird es sofort nach der Geburt der Mutter Kuh entrissen, damit es keinen Schluck von der Muttermilch trinken kann. Was gibt es Schlimmeres, als einer Mutter gleich nach der Geburt ihr Baby wegzunehmen und für das Baby, von der Mutter getrennt zu werden? Nachdem die Mutterkuh ausgebrannt ist und keine Milch mehr geben kann, wird sie geschlachtet. Die Kälber werden in Einzelisolierboxen weggesperrt und nach ca. 5 Monaten geschlachtet.
Der Mensch verträgt das tierische Protein einfach nicht! Und wieso soll ein Hund Produkte fressen, die von einer anderen Spezies kommen? Kein Lebewesen, außer der Mensch, trinkt weiterhin Muttermilch, nachdem es abgestillt hat. Und der Mensch dann auch noch von einer anderen Spezies, der Kuh!
Das ist doch verrückt und völlig absurd!
Dazu möchte ich jedem, dem seine Gesundheit und die seiner Kinder ein Anliegen sind, ans Herz legen, sich den Film „Gabel statt Skalpell mit Prof. Dr. T. Colin Campell" anzusehen oder sich das Buch „Die China-Studie/The China Study" zu kaufen. Es ist die Dokumentation über die umfangreichste Ernährungsstudie, die jemals durchgeführt wurde.

Haben Sie schon einmal Mandel-, Hafer-, Reis-, Soja- oder Nussmilch ausprobiert? Sehr lecker!!

HEALTHY VEGAN DOGS

Als ich begann, mir Videos über Tierversuche anzusehen, den Film „Earthlings" erzählt von Joaquin Phoenix, der seit seiner Kindheit vegan lebt, Food Inc., easy Vegan – ein Film über das vegane Leben und „Meet your Meat" von Peta und mir Schlachtungsvideos ansah, wurde ich quasi sofort vegan (innerhalb eines Monats).

Vegan zu leben, ist aber weit mehr als eine Ernährungsumstellung!! Tierausbeutung, Umweltzerstörung, Ressourcenverschwendung und Welthunger-problematik sind genauso wichtige Beweggründe, wie rein, gesund und bewusst zu essen.

- **55 Milliarden Tiere werden weltweit jährlich für den menschlichen Bedarf getötet**
- **1 Milliarde Menschen hungern, jeden Tag sterben über 40.000 Menschen, weil 70% der Welt-Getreideernte an die Tiere der Massen-betriebe verfüttert wird und 98% der Welt-Sojaernte (davon werden lediglich 2% für Lebensmittel verwendet)**
- **Treibhausgase der Nutztierhaltung sind der größte Verursacher des Klimawandels und höher als der gesamte Verkehr inkl. Autos, Bahnen, Schiffe, Flugzeuge weltweit.**
  1 kg Rindfleisch = eine Autofahrt von ca. 250 km
- **Regenwald erhalten! Pro Minute wird für den Fleischkonsum Regenwald abgebrannt. 1 kg Rindfleisch = ca. 37 Fußballfelder**
- **Bitte kaufen Sie auch kein Palmöl!**
- **Wasserressourcen sparen (für 1 kg Rindfleisch werden ca. 15.000 Liter Trinkwasser ver(sch)wendet, damit könnte man 1 Jahr lang täglich duschen)**

Ich habe mich auch nicht mehr wohlgefühlt, seitdem ich weiß, dass in den Dritt-ländern über 40.000 Menschen täglich sterben und 1 Million Menschen hungern, weil die Weltgetreideernte an den Westen verkauft wird und die Bauern mit ihren Familien neben ihren Feldern verhungern.

Da ich ein sehr naturverbundener Mensch bin und lange Spaziergänge und das Meer liebe, ist es für mich schrecklich, dass ich mit meinem Konsumverhalten auch die Umwelt massiv zerstöre, denn der Mensch verwendet mittlerweile 1,5 mal so viele Ressourcen der Erde und bald sind diese Ressourcen ausgeschöpft.

Einen sehr guten Film kann ich dazu empfehlen: „HOME".
Es ist ein Dokumentarfilm des französischen Fotografen und Journalisten Yann Arthus-Bertrand, der über die Entstehung der Erde und die Veränderung durch das Eingreifen der Menschen berichtet.

Mir sind die Natur und Tiere sehr wichtig und ich kann mir nicht vorstellen, dass ich nicht mehr mit meinen Hunden an einem kilometerlangen Strand spazieren kann, nicht mehr die gute Luft im Wald oder auf einem Berg atme und nicht mehr im Meer oder einem erfrischenden klaren See schwimme.
Wenn es so weitergeht, werden laut Wissenschaft 2050 keine Fische mehr im Meer sein, also ist es wirklich höchste Zeit, unsere Mutter Erde zu beschützen, denn sie braucht unseren Schutz!

Ich setze mich seit dem ersten Tag als Veganerin aktiv für die vegane Lebensweise ein. Manchmal denke ich, dass es als Erdling sogar meine Pflicht ist!

Trotzdem fütterte ich meinen Hunden weiterhin tierische Produkte, obwohl ich aufgrund meiner Einstellung aus genannten Gründen Veganerin geworden war. Ich befand mich täglich im Konflikt, es war schwierig für mich. Ich dachte mir: „Der Mensch hat keine Reißzähne, kann kein Aas riechen und der Verdauungstrakt ist wesentlich länger als bei einem Carniden, also bleibt der Hund in meinen Augen ein Fleischfresser, auch wenn es tragischerweise dadurch zum Tierrassismus kommt."

Meine Hündin hatte eben immer Fellprobleme, Schuppen, ein stumpfes Fell und trockene Haut. Obwohl ich bei der Omnivoren-Ernährung meiner Hunde immer püriertes Obst, Gemüse und verschiedene Öle dazugab, weil ich damals für mich selbst viel davon machte, das Fellproblem verschwand leider nicht. Ich kaufte nur mehr Biofleisch für meine Hunde.

Die Zeit verging und ich startete meine eigene Initiative und wurde Vegan Coach! Ich begann, vegane Kochworkshops anzubieten, da ich mich immer intensiver mit wirklich gesunder Ernährung beschäftigte und das weitergeben wollte. Ich fing an öl-, gluten-, salz- und zuckerfrei zu kochen und kreierte neue intelligente, leckere und gesunde Speisen.

Seit 2013 ernähre ich mich zu 60% von veganer Rohkost, die restlichen 40% schwanken je nach Wetterlage. Wenn es kälter wird, esse ich gerne warme Suppen oder Eintöpfe, Wraps oder Pizza.

Ich beschäftigte mich parallel dazu genauso intensiv mit der Ernährung meiner Hunde, denn Ernährung war mir seit meiner Schulzeit immer schon sehr wichtig. Ich war nur nie so gut informiert wie heute!

Erneut las ich Horrormeldungen wie:

- **Multiresistente tödliche Keime in Biofleisch**
- **die EU empfiehlt, bei der Zubereitung von Fleisch Handschuhe anzuziehen**
- **Resistente Keime in Fleisch ein wachsendes Problem**
- **Produkte werden aus den Supermärkten zurückgerufen wegen gefährlichen Listerien**
- **Fisch ist hochgradig radioaktiv, mit Schwermetallen, Quecksilber, Antibiotika, PCP und Dioxinen belastet**
- **Fisch und Fischöl gar nicht gesund**
- **US-Ärzte wollen Milch aus den Schulen verbannen und immer mehr Kinder leben in den USA vegan**
- **Harvard: Milch von der Kuh ist nicht gesund**
- **erste Schule in Kalifornien unterstützt von James Cameron mit ausschließlich veganer Ernährung**

Als ich meinen Hunden noch Fleisch fütterte, begann ich, mir bei der Zubereitung Handschuhe anzuziehen, um mich nicht mit Keimen anzustecken. Selbst bei Biofleisch hatte ich immer Panik! Ich habe Biohöfe gesehen, die keineswegs so aussahen wie sie es versprachen und der Endverbraucher es annehmen darf. Ich war geschockt!!

Auch die enorme Treibhausgas-Belastung, die schlimmer als der gesamte Verkehr weltweit ist (inklusive Autos, Bahnen, Schiffe und Flugzeuge), kommt auch von Rindern auf Biohöfen. Sie sind wegen ihrer Methanausschüttungen der größte Verursacher des Klimawandels.

Irgendwann dachte ich: „Das ist doch verrückt!
Ich füttere meinen besten Freunden, den mir wichtigsten Lebewesen, etwas, das ich nur mit Handschuhen angreife! STOPP!!

Seit diesem Tag ernähre ich meine Hunde vegan.

Ich möchte mit diesem Buch mehr Menschen dazu motivieren, ihre Hunde vegan zu ernähren und ihnen täglich frisches Fressen zuzubereiten.

Die neue faszinierende Welt

Was für eine Freude und ein Erfolg, als ich immer besser wurde in der Zubereitung der Speisen für sie und für mich!

Meine Hunde bekommen seit dem Tag: glutenfreies Getreide wie Buchweizen, Lupinen und Quinoa, Obst und Gemüse püriert oder als Snack zwischendurch und z. B. Cashewnüsse als Leckerli.

Ich war total begeistert, als ich erfuhr wie proteinreich Lupinen und Quinoa ist und dass Gemüse und Obst die besten Nährstoffe und Vitalstoffe wie sekundäre Pflanzenstoffe, Spurenelemente, Mineralstoffe, Vitamine, Proteine und Eisen haben.

Wussten Sie, dass Brokkoli 11,1 Gramm Proteine bei 100 Kalorien im Gegensatz zu Fleisch mit nur 6,4 Gramm auf 100 Kalorien hat? ;-)

Weiters entdeckte ich Hanf als ausgezeichnete Proteinquelle und da ich mir selbst täglich Smoothies auch mit Weizen- oder Gerstengras zu Hause mache (ich baue dieses Gras auch selbst zu Hause an, Näheres in meinem zweiten Buch **„Delicious vegan, raw & Superfoods, die wirklich gesunde Küche"**, bekommen meine Hunde auch übers Fressen ihren eigenen Smoothie.
Abgesehen davon, dass Hunde sowieso im Freien gerne Gras fressen!
Wird wohl seine Gründe haben, dass die stärksten Tiere der Welt wie z. B. Elefanten Grasfresser sind!

Gute Protein-Quellen

- **Hanfmehl, Hanfsamen, Hanfpulver**
- **Lupinen oder Süßlupinenmehl**
  Man kann ab und zu einen Teelöffel ins Fressen mischen.

- **Quinoa, Buchweizen gekocht**
- **Soja**
- **Spinat**
- **Kohl**
- **Brokkoli**
- **praktisch jedes Obst und Gemüse, vor allem aber grünes Gemüse**

Bei Hülsenfrüchten bin ich mir wirklich nicht sicher, ob die gesund für Hunde sind, deswegen gebe ich meinen Hunden keine gekochten Linsen, Kichererbsen und Bohnen.
Auch Reis oder Getreide, welches nicht glutenfrei ist, esse ich selbst selten.
Ich wähle dann nur Naturreis oder Wildreis und gebe nur Naturreis meinen Hunden sowie ab und zu gekochte Kartoffeln ohne Schale.

Weiters gebe ich ihnen gerne pürierten Rucolasalat. Der ist reich an Kalzium. Cashew- Nüsse sind reich an Magnesium. Die gebe ich als Leckerli, da sie gut fürs Fell sind.

Soja hat auch einen sehr hohen Anteil an Proteinen. Ich esse Sojaprodukte selten, z. B. verwende ich Sojasahne beim Backen. Auch meinen Hunden gebe ich nur selten Sojaprodukte. Aber das ist eine persönliche Einstellung. Es gibt viele Veganer, die Soja- und Seitan-Produkte lieben.

Wenn Soja gentechnikfrei und biologisch hergestellt wird, ist es für die Umstellung vom Omnivor zum Veganer aufgrund des vielfältigen Produktangebots eine gute Alternative und kann den Einstieg erleichtern.

Wussten Sie, dass lediglich 2% der Welt-Sojaernte für die menschlichen Lebensmittel verwendet wird und 98% davon an die (armen) Tiere der Massenbetriebe verfüttert wird, obwohl sie Grasfresser sind?

Näheres dazu auf den letzten Seiten unter „weitere Informationen"

Ich vertraue meinen Erfahrungen und Beobachtungen und habe viel recherchiert und nachgelesen, bevor ich dieses Buch schrieb und seit ich Veganerin bin. Studien, Forschungen, Vorträge und Berichte über vegane Haustierfütterung haben mich bei meiner eigenen Intention, meine Hunde umzustellen, bestärkt, wobei ich vom gesundheitlichen und ethischen Aspekt aus auch ohne diese zusätzlichen Informationen sicher war, dass die vegane Ernährung die gesündeste ist und dass die nicht vegane oder vegetarische genauso wenig für den Hund wie auch für uns Menschen gut und gesund sein kann.

Dazu habe ich auf den Seiten 54 und 55 die Links zu diesen Recherchen angegeben und im folgenden Kapitel zeige ich, dass laut Forschungsergebnissen die Anpassung des Hundes an Getreide eine entscheidende Rolle in seiner Domestizierung gespielt hat.

Auch die Geschichte der ältesten Border-Collie-Hündin namens Bramble aus England ist bemerkenswert: Sie wurde als ältester Hund mit 27 Jahren ins Guiness Buch der Rekorde eingetragen. Das Bemerkenswerte daran: Sie wurde ausschließlich vegan ernährt!

Domestizierung zeigt die Anpassung an eine stärkereiche Ernährung   (Artikel in der Zeitung „Nature" vom 21.3.2013)

Erik Axelsson hat mit seiner Forschergruppe an der Universität Uppsala in Schweden und in Zusammenarbeit mit anderen Universitäten *(dem Broad Institute of Massachusetts Institute of Technology, der Harvard Universität in Massachusetts und Cambridge, der Grimsö Wildlife Research Station, Department of Ecology, die schwedische Universität für Agrarwissenschaften, Department of Forestry and Wildlife Management, Faculty of Applied Ecology and Agricultural Sciences, Hedmark University College, Department of Wildlife, Fish and Environmental Studies, Faculty of Forest Sciences)* von 19 Wölfen und 71 Hunden 38 verschiedener Rassen Genome untersucht.

Dabei erkannten die Wissenschaftler in den Genen der Hunde mehrere Regionen, die stark von denen der Wölfe abweichen. Diese genetischen Unterschiede zwischen Wolf und Hund spielen in der Evolution eine entscheidende Rolle.

Sie entdeckten Gene, die bei der Entwicklung des Stoffwechsels, des Gehirns und des Nervensystems verantwortlich waren. Diese Gene deuten auf eine verminderte Aggression und eine veränderte Verdauung des Hundes im Gegensatz zum Wolf hin.

Zehn dieser Gene regeln den Stoffwechsel und zeigen, wie gut der Hund im Gegensatz zum Wolf Stärke (pflanzliche wie z. B. Reis oder Getreide) verdauen kann, nämlich um das 5-fache! Wölfe haben diese Gene auch und sind ja nicht reine Fleischfresser. Sie essen gerne auch Beeren, Obst, Wurzeln, Gräser, aber bei den Hunden sind diese Gene viel aktiver.

Ein Enzym, das für den weiteren Abbau von Stärke notwendig ist, fanden die Forscher nur im Genom der Hunde. Dieses Enzym wurde bei Pflanzenfressern wie Hasen oder Kühen und bei Allesfressern wie Ratten entdeckt, nicht aber bei Fleischfressern.

Die Wölfe erkannten die Vorteile, mit Essensresten versorgt zu werden und hielten sich in der Nähe der Menschen auf. Die ersten Hunde erlegten nicht mehr so viele Beutetiere, und strichen wegen dieser Essensreste um die Häuser der Menschen. Sie aßen mehr Getreide seit die Menschen mit der Landwirtschaft begonnen hatten.

Die Forscher weisen darauf hin, dass die Veränderung der Nahrung beim Menschen und seinem besten Freund, dem Hund, ähnlich verlief.

Link: **http://www.nature.com/nature/journal/v495/n7441/full/nature11837.html**

Einen interessanten Artikel habe ich auch in der Ausgabe Oktober 2014 der Zeitung des ÖKV, des österreichischen Kynologenverbandes, „Unsere Hunde", sogar mit dem Thema des Monats, gefunden. Der ÖKV ist ein Dachverband von rund 100 österreichischen Hundeverbänden mit rund 500 angeschlossenen Vereinen, die sich mit Sport, Haltung, Erziehung, Ausstellung, Ausbildung, Prüfung und Zucht des Hundes beschäftigen.

„Der Hund ist kein zahmer Wolf" – von Dr. Udo Gansloßer, Privatdozent für Zoologie und seit mehreren Jahren betreut er Forschungsprojekte über Hunde (Haus und Wildhundeartige). In dem Artikel wird ausführlich erklärt, dass nach neuen Forschungen der Hund als eigenständige Form anzusehen ist und der Hund nicht, wie seit Jahrzehnten angenommen, vom Wolf abstammt. Die ökologische Nische des Lebens mit den Menschen hat den Haushund verändert, und nicht alles, was er heute tut, ist vom Wolf her erklärbar. Dr. Gansloßer rät sogar in dem Artikel von der proteinlastigen Rohfütterung ab und bezieht sich auch auf die Forschung von Erik Axelsson, dass die Hunde von der Genetik her keine reinen Fleischfresser wie die Wölfe sind. Er empfiehlt einen hohen Stärke-Anteil im Futter und eine ausgewogene Kombination von Vitaminen, Mineralien, Proteinen, Fetten und Kohlenhydraten.

Er meint, dass diejenigen gewaltig irren, die glauben, dass durch eine besonders fleischreiche, dem Wolf ähnliche Ernährung, der Haushund biologisch artgerecht ernährt werden könnte. Der Haushund sollte daher vielmehr mit vielfältigen Essensresten gefüttert werden.

Seitdem ich meine Hunde vegan ernähre, hat meine Hündin keine Fellprobleme mehr! Das Fell war noch nie so schön wie jetzt, es glänzt schön und ist weich und zart, als kämen wir frisch vom Friseur.

Es ist keine einzige Schuppe mehr zu sehen, keine trockene Haut quält sie. Beide Hunde riechen so gut, dass ich oft gefragt werde, was ich mache, damit meine Hunde so gut duften, ein so schönes Fell haben und so gut aussehen.

Viel mehr Energie als früher haben sie sowieso!

Ich sage dann: „Meine Hunde leben vegan, wie ich!"

Das ist der Beweis für mich, dass ich es richtig gemacht habe!

Auch ich hatte immer Beschwerden, die, nachdem ich Veganerin wurde, weg waren.

Wenn man dem Hund sein Fressen auch immer frisch zubereitet und es mit Freude macht, spürt der Hund das und nimmt das Fressen psychisch viel positiver auf, als stellte man ihm täglich das gleiche Fressen lieblos hin.

Hunde riechen ja das frisch gemachte Fressen viel natürlicher als die chemischen Lockstoffe, die in vielen Fertigfutterprodukten enthalten sind.

Es ist unglaublich, wie schnell man spürt, dass der Körper es einem wirklich dankt, wenn man ihm gesunde und reine Nahrung gibt.
Das spürt man wirklich erst dann, wenn man es selbst macht.

Gesunde Hunde haben:

ein schönes, glänzendes Fell
klare, strahlende Augen
blanke Zähne
keinen Mund- oder Körpergeruch
normalen Stuhlgang

und sind:

aktiv
verspielt
neugierig
freundlich
sozial
aufgeweckt

In Fleisch und Wurstwaren werden Nitritpökelsalze beigefügt, damit das Fleisch nach der Leichenstarre und dem Fäulnisprozess haltbar bzw. der Verderb hinausgezögert wird. Wenn es kein Biofleisch ist, dann werden auch Antibiotika, Hormone, Ascorbinsäure und weitere Zusatzstoffe hinzugegeben. Aber auch kranke Tiere werden bei Biofleisch mit Antibiotika behandelt. Im konventionellen Bereich werden jedoch Antibiotika präventiv gegeben, auch damit die Tiere schneller wachsen.
Dadurch entstehen die gefährlichen multiresistenten Keime, die auch schon in Biofleisch gefunden wurden. Fleisch speichert ohnehin Emotionen, denn was die armen fühlenden Lebewesen in den Schlachtfabriken durchleben, wird letztendlich im Endprodukt Fleisch gespeichert und das alles sowie viele andere schädliche Inhaltsstoffe wollte ich mir und meinen Hunden nicht mehr zum Essen geben.
Das beeinflusst nicht nur negativ den Körper, sondern auch den Geist! Sehen Sie sich mal um, wie gestresst und gereizt die meisten Menschen sind. Die falsche Ernährung spielt dabei die entscheidende Rolle.

Es kommt immer darauf an, wie man Stress verarbeitet und mit ihm umgeht. Gesunde reine Nahrung hält Sie nicht nur körperlich fit, Sie bekommen auch einen reinen, klaren Geist! Das ist wirklich so!!

Auch dazu kann ich auf gute Quellen auf den letzten Seiten unter „weitere Informationen" verweisen.

Es gibt nichts Schöneres, als meinen Hunden beim Fressen zuzusehen und ich lege Ihnen ans Herz, Ihre Hunde ethisch, gesund und vegan zu ernähren! Mit meinen Rezepten wird es Ihnen leichtfallen, Ihrem Liebling immer etwas frisch Zubereitetes, Leckeres und Gesundes zu zaubern, das nicht viel Zeit kostet. Ihr Hund wird es Ihnen danken.
In den letzten tausenden von Jahren haben sich die Hunde an die Ernährung der Menschen angepasst, also ist es möglich!

Es gibt natürlich auch Veganer, die sich ungesund ernähren, indem sie ständig Fertigprodukte kaufen, fettreich und einseitig. Genauso kann man auch seinen Hund ernähren. Deswegen ist es mir wichtig, Ihnen zu zeigen, wie man sich vegan, gesund und abwechslungsreich ernähren kann.

Viele Krankheiten der Hunde treten, wie bei uns Menschen, erst auf, wenn sie älter werden. Es ist auch beim Hund ratsam, so früh wie möglich mit gesunder Ernährung zu beginnen, damit er im Alter gesund bleibt. Sie können natürlich auch ab und zu ein Blutbild von Ihrem Hund machen lassen, um zu sehen, ob ihm irgendetwas fehlt.

zwei wichtige Petitionen

Kaufen Sie bitte keine Hunde bei Züchtern- es gibt bereits so viele Hunde, die in Tierheimen oder Tötungsstationen warten, dass sie bei einem liebevollen und verantwortungsbewussten Menschen einen Platz bekommen. Es müssen nicht noch mehr Hunde „nachproduziert" werden. Holen Sie sich einen Hund und retten Sie ihn aus einem Tierheim oder einer Tötungsstation! Wenn Sie sich mit der Anschaffung eines Hundes noch nicht sicher sind, helfen Sie vorerst in einem seriösen Tierheim mit.

HEALTHY VEGAN DOGS

Deshalb habe ich eine Petition auf change.org gestartet, in der ich an Herz und Verstand appelliere, dass sich Züchter dafür engagieren, Hunde aus Tierheimen und Tötungsstationen zu retten und sie vermitteln. Auch Hunde, die arbeiten (es wird wahrscheinlich immer Berufshunde geben), sollen aus Tierheimen und Tötungsstationen geholt werden. Die indische Polizei bildet seit Sommer 2014 bereits Straßenhunde als Polizeihunde aus.

Natürlich sollte mit den Berufshunden auch liebevoll, mitfühlend und verantwortungsbewusst umgegangen werden.
Ich denke, dass jemand, der die schlimmen Zustände in Tierheimen und Tötungsstationen gesehen hat, „aufwacht" und verhindern möchte, dass noch mehr Hunde eingesperrt und eingeschläfert werden.

Hier der Link zu meiner 1. Petition, die Sie bitte unterschreiben und weiterverteilen können:

https://www.change.org/de/Petitionen/züchter-sollen-sich-für-tierheimhunde-engagieren-hunde-retten-diese-vermitteln-tierheim-hunde-als-berufshunde-für-rettung-polizei-therapie-usw

Meine 2. Petition:

Als aufmerksame Hundefreundin sehe ich im Alltag immer wieder, wie brutal andere Hundebesitzer ihre Hunde am Halsband oder sogar Kettenhalsband hin- und herreißen.

Sie ermöglichen es dem Hund nicht, ihren natürlichen Instinkten nachzugehen, indem sie das Tier zu sich reißen, wenn der Hund etwas beschnuppern will.
Viele Hundebesitzer machen den „klassischen" Fehler, dass sie ihren Hund an der Leine andere Hunde beschnuppern lassen, obwohl Hunde sich von Natur aus so nicht beschnuppern würden. Die Leine ist meistens angespannt, dadurch wird Druck auf den Hals ausgeübt; es entsteht durch das Ziehen an der Leine Druck auf den sensiblen Hundehals. Bei straffer Leine ziehen sie den Hund wieder heftig zu sich.
Der Hund wird dann für etwas bestraft, was zum einen sein natürlicher Instinkt ist – Hunde beim Kennenlernen zu beschnuppern – und zum anderen wurde es ihm ja auch an der angespannten Leine erlaubt.
Auch ein Halti ist die absolute Hölle für einen Hund! Ein Halti wird einem Hund um den Fang angelegt. Im Gegensatz zum Halsband, das am Hals liegt, wird der Hund bereits am Maul schon nach hinten gerissen.
Stellen Sie sich vor, Sie hätten so etwas um den Mund und Sie werden herumgerissen, wie es dem Halter passt.
Man würde keine Bewegungsfreiheit mit dem Kopf haben. Der Kopf wird bei jedem Reißen ruckartig in eine Richtung gezogen, dadurch entstehen massive Schädigungen am Nacken und an der Halswirbelsäule. Am Halsband würde man keine Luft bekommen, bald blaue Flecken haben (beim Hund sieht man die Blutergüsse durchs Fell nicht) und die Halswirbelsäule würde ebenfalls massiv geschädigt werden.
Als Hundetrainerin und durch meine Hunde weiß ich, dass es nur ein bisschen Zeit und Regelmäßigkeit braucht sowie Mitgefühl und Geduld, seinem Hund die Leinenführigkeit beizubringen.
Ein Halti mag sicherlich bequem für den Hundehalter sein, für den Hund sicher nicht! Das Blut wird jedes Mal zum Gehirn abgesperrt, wenn das Halsband den Hund würgt und das passiert fast permanent, denn jeder Hund zieht immer wieder am Halsband.

Sei es, weil er neugierig ist, weil er in eine andere Richtung möchte, wo er etwas geschnuppert hat, weil er sich freut oder aus anderen Gründen.

Es ist medizinisch bewiesen, dass der Hund bei jedem Zug am Halsband dadurch gewürgt wird und keinen Sauerstoff und kein Blut ins Gehirn bekommt. Dadurch sterben auch jedes Mal Gehirnzellen ab.

Hunde fliehen vor ihrem Schmerz, deswegen werden die Hunde am Halsband nie aufhören zu ziehen, da sie von diesem fürchterlichen Druck wegrennen möchten. Sie erkennen nicht, dass eine lockere Leine die Spannung löst. Das müssen wir ihnen gewaltfrei und liebevoll beibringen.

Anhand von Expertenmeinungen von Physiotherapeuten und Medizinern sowie aus der Sicht der Hunde beschreibe ich in meiner Petition ausführlich, warum ein Halsband so schädlich ist. Kettenhalsbänder sollten sowieso schon längst nicht mehr in den Verkauf gelangen und verboten sein.

Selbst wenn ein Halsband von liebevollen Hundefreunden nur als Accessoire benützt wird, ist es ein schlechtes Vorbild für andere Hundehalter.

Die Garantie, dass keiner dabei ist, der den Hund gewaltvoll am Hals hin- und herreißt, gibt es leider nicht!

Es ist weit besser, wenn diese liebevollen Hundebesitzer mit gutem und verantwortungsbewusstem Beispiel vorangehen und öffentlich präsentieren, dass ein Brustgeschirr die bessere Verbindung zum Hund ist.

Deshalb ist es in diesem Belang mein höchstes Ziel, dass Halsbänder, Kettenhalsbänder und Haltis verboten werden und nicht mehr verkauft werden dürfen.

Es gibt genügend Informationen, wie dem Hund die Leinenführigkeit gewaltfrei beizubringen ist. Einfach mal googeln!!

Wenn Sie in Wien oder Umgebung wohnen, können Sie gerne meine Hilfe als Hundetrainerin in Anspruch nehmen.

Hier der Link zu meiner 2. Petition, die Sie bitte ebenfalls unterschreiben und verteilen können:

https://www.change.org/de/Petitionen/generell-brustgeschirr-statt-halsband-an-alle-hundebesitzer-heimtierbedarfshändler-produzenten-verkäufer-anlege-verkaufs-und-produktionsverbot-aller-arten-von-hunde-halsbändern-und-haltis

DANKE IM NAMEN ALLER FELLNASEN ♥

Zum Thema Pelz

WUSSTEN SIE, DASS KUNSTPELZ ECHT SEIN KANN?!

Jährlich werden zur Pelz- und Ledergewinnung weltweit ca. 1,5 Millionen Hunde verwendet! Für einen Mantel benötigt man die Felle von 10-12 Hunden oder 42 Welpen.

NÄHERE INFORMATIONEN UNTER: www.kunstpelz-ist-echt.de
(auch auf den letzten Seiten unter „weitere Informationen")

Reiß- und Zerrspiele

Immer wieder beobachte ich, wie Hundebesitzer mit ihren Hunden diese Art von Spielen betreiben, nur sieht das meistens definitiv nicht wie ein Spiel, sondern eher wie ein Kampf aus! Noch dazu sehr gewaltvoll!!

Oft reißen die Hundehalter ihrem Hund auch noch aggressiv das Spielzeug, den Stock oder den Ball aus dem Maul und bemerken in ihrem Übermut nicht, dass der Hund seine Beute, sein Spielzeug gar nicht hergeben möchte. Also reißen sie, öffnen dem Hund gewaltvoll das Maul, um das Ding rauszuholen und werfen es dann hastig wieder.

Welpen spielen dieses Spiel untereinander und miteinander!! Liegt irgendwo ein Spielzeug, etwa ein Socken, herum, wird dann herumgezogen, aber miteinander und das ist der Unterschied!
Viele Hundebesitzer verstehen nicht, dass sie dem Gebiss ihres Hundes mit diesem „Spielverhalten" schaden.
Ein weiteres Problem ist die dadurch erhöhte Aggressivität des Hundes auch anderen Hunden gegenüber, weil er den anderen durch sein Verhalten nicht als Spielkameraden, sondern als Konkurrenten ansehen muss. Sie schnappen sofort hin, wenn es um ihre Beute (Spielzeug, Stock, Ball) geht und verteidigen sie. Ich bin selbst als Kind von einem Hund gebissen worden, die Aggressivität kann sich auch einem Menschen gegenüber bemerkbar machen!

Selbst mein Hund gibt meistens seinen Ball nicht her, wenn ich an der daran befestigten Schnur sanft ziehe. Und ich lasse ihn bei diesem liebevollen und sanften Spiel auch oft gewinnen. Meinen Hunden habe ich jedoch seit Welpenalter beigebracht, mir das Spielzeug vor die Füße zu legen, wenn sie wollen, dass ich es wieder werfe.

Diese gewaltvolle, aggressive Haltung Hunden gegenüber ist wirklich sehr traurig, unverständlich und sinnlos! Miteinander spielen macht viel mehr Spaß und bringt beiden viel mehr Freude!

Ein kleiner Tipp für die Haut-und Fellpflege

Manche Hunde haben viele Milben, wenn sie in Seen oder anderen Gewässern schwimmen, vor allem im Sommer besteht dieses Problem! Sie können auch unangenehm riechen, weil sie die gewohnte Fertigfutternahrung nicht vertragen. Versuchen Sie einmal, dem Hund Nachtkerzen- und Leinöl ins Genick und entlang der Wirbelsäule bis auf die Haut einzureiben. Sie werden sehen, dass die Milben auf natürliche Weise verschwinden und der Hund wieder gut riecht. Sie benötigen kein ätzendes chemisches Hundeshampoo. Oder Lavendelöl gegen Flöhe und Zecken!

Ich wünsche Ihnen viel Freude mit meinen Rezepten und alles Gute für Ihre Fellnase daheim ❤

Obst, Gemüse, glutenfreies Getreide und andere Leckerchen für den Hund

Obst
kann roh püriert zum Fressen dazugegeben werden oder in kleinen Stückchen als Snack oder Leckerli:

Apfel (ohne Gehäuse, da dieses giftig ist!)
Ananas (geschält und ohne Strunk)
Beeren (Himbeere, Erdbeeren, Brombeeren, Heidelbeeren)
Bananen (geschält)
Birnen (ohne Gehäuse)
Kiwis (geschält)
Marillen (ohne Kern)
Melone (Wassermelone, Zuckermelone ohne Schale, ohne Kerne)
Pflaumen (ohne Kern)

Gemüse
kann roh püriert zum Fressen dazugegeben werden oder in kleinen Stückchen als Snack oder Leckerli:

Brokkoli (oder gekocht püriert)
Fenchel
Gurke
Gelbe Rübe (oder gekocht püriert)
Kohl (Grünkohl, Chinakohl)
Karotte (oder gekocht püriert)
Kartoffel (gekocht ohne Schale)
Kürbis (ohne Schale und Gehhäuse, oder gekocht)
Mangold
Rote Rübe (ohne Schale, oder gekocht püriert)
Ruccola
grüne Blattsalate
Spinat
Zucchini (oder gekocht püriert)

Knoblauch ist gut gegen Parasiten und kann in kleinen Stückchen oder als dünne Scheiben selten dem Fressen beigegeben werden (nicht durch die Presse drücken, denn das werden die wenigsten Hunde fressen).

Glutenfrei

Ich empfehle immer, dem Hund glutenfreies Getreide zu geben:
Buchweizen, Quinoa, Lupinen, Amaranth, Hirse, Naturreis

Getreide (mit Gluten = Klebereiweiß)

Dinkel, Hafer, Roggen, Weizen

Nahrungsergänzung

Kokos ist gut gegen Bakterien und Parasiten! Ab und zu einen Teelöffel Kokosflocken ins Fressen oder ein paar Stücke einer frischen Kokosnuss (ohne braune Schale) geben.

Spirulina gibt es auch für Hunde und kann, wenn es bio ist, auch als zusätzlicher Minerallieferant und als Vitamin-B12-Lieferant verwendet werden. Hie und da eine Messerspitze mit dem Futter vermischen.

Hefeflocken und Sauerkraut dienen auch als Vitamin-B12-Lieferanten.
Beim Sauerkraut sollten Sie aber darauf achten, dass es ohne Gewürze und Ascorbinsäure ist, also am besten nur reines Sauerkraut verwenden.

Öle: Kokosöl, Hanföl, Olivenöl, Leinöl. Ab und zu wenig mit dem Futter vermischen, damit fettlösliche Vitamine wie A, D, E und K im Körper gespeichert werden können.

Bockshornklee ist reich an Vitamin A und D sowie Eisen und hat viele heilende Eigenschaften: er reduziert Haarausfall, regt den Appetit an, hilft bei Gelenksentzündungen und stärkt das Immunsystem. Es gibt ihn in Pulverform zu kaufen z.B. von Sonnentor oder man kann die Samen auch 4-5 Tage keimen lassen.

gefährlich und daher bitte nicht füttern: rohe Melanzani, rohe Kartoffel, Zwiebel (Herzinfarktgefahr), Weintrauben (schlecht für die Nieren), Rosinen, Avocado, Schokolade, Kakao, Salz, Alkohol, Kaffee, Tee, Gewürze, Milchprodukte, Lauch, der Süßstoff Xylit, Apfel-, Kürbis und Birnengehäuse, Obstkerne generell, Macadamia-Nüsse

Schokolade und Kakao sind gefährlich für den Hund, denn je höher der Kakaoanteil- und desto mehr Theobromin darin enthalten ist, desto giftiger ist es. Hunde können Theobromin nicht abbauen und es kann schon in kleinen Mengen zu Vergiftungen führen. Daher niemals füttern!

Hilfe, mein Hund mag kein Obst oder Gemüse!

Wenn Hunde noch nie eine Banane, einen Apfel oder ein Stück Kürbis bekommen haben, ist es natürlich klar, dass sie dem skeptisch gegenüber sind. Manche Hunde nehmen Obst oder Gemüse sofort an, auch nach jahrelanger Fertigfutterkost, andere verweigern es anfangs.

In vielen Fertigfutter-Produkten sind Lockstoffe drinnen, an die sich die Hunde gewöhnt haben.

Daher ist es am besten, den Hund langsam umzustellen. Einfach immer ein bisschen püriertes Obst oder Gemüse ins Futter untermischen, das gleiche kann man mit Quinoa, Reisnudeln oder Buchweizen machen.

Mit der Zeit nimmt der Hund sein neues Fressen an und Sie werden sehen: Wenn Sie eine Banane essen, schaut der Hund dann schon mit seinen fragenden Augen, wo sein Stückchen bleibt.

Wölfe fressen auch gerne Obst, Gemüse und Gräser und fressen die Beeren direkt vom Strauch.

Chlorophyll und Smoothies

Wenn Sie, so wie ich, Ihrem Hund immer wieder frische Smoothies mit Weizen- oder Gerstengras machen und diese über das Fressen geben (abgesehen davon, dass der Hund von Natur aus im Freien gerne Gras frisst und die stärksten Tiere der Welt Grasfresser sind), hat der Hund ohnehin zum täglichen Fressen alle wichtigen Nähr- und Vitalstoffe, die er braucht.

Gras liefert die nahrhafte Vitalstoffbombe „Chlorophyll" und so gerne meine Hunde im Grünen Gras fressen, so gerne mache ich mir frische Grassaft-Smoothies. (Ich trinke den Grassaft immer pur und verwende von LEXEN den „electric healthy juicer" for Wheatgrass, Fruit & Vegetable.)

HEALTHY VEGAN DOGS

Auf den letzten Seiten unter „weitere Informationen" gebe ich auch einen Link an, in dem beschrieben wird, dass Chlorophyll bei Krebs 10-mal wirksamer ist als eine Chemotherapie.
Eine kurze Beschreibung, warum Chlorophyll so gesund ist und warum die stärksten Tiere der Welt Grasfresser sind:

Chlorophyll verbessert unsere roten Blutkörperchen, denn es ähnelt unserem rotem Blutfarbstoff, dem Hämoglobin.
Wer viel Grün isst wie z. B. Blattsalate, Kohl usw. und somit Chlorophyll zu sich nimmt, hat dadurch gesundes Blut und somit gesunde Organe.
Es sorgt für gesundes und reines Blut!
Chlorophyll unterstützt die Entgiftung krebserregender Stoffe und fördert die Wundheilung. Darüber hinaus bekommt man einen angenehmen Körpergeruch.
Chlorophyll behebt den Eisen- und Magnesiummangel, da es wie jedes Obst, Gemüse und Pflanzengrün einen hohen Anteil an Mineralstoffen als auch an Vitaminen, Antioxidantien und Proteinen hat.

Glutenfreie Rezepte

Bitte beachten Sie bei der Mengenangabe immer die Größe und das Gewicht Ihres Hundes oder Ihrer Hunde. Die Fressgewohnheiten kennen Sie natürlich am besten.
Eine weiße Quinoa-Packung von 300 g mit Wasser aufgekocht mit Obst oder Gemüse ist ausreichend für 2 mittelgroße Hunde.
Meine Mengenangaben sind die Menge für einen mittelgroßen Hund mit ca. 30 kg.

Ebenso kann wahlweise immer Pflanzengrün wie:

Kohl
Blattsalate
Spinat
Weizen- und Gerstengrassaft

beliebig mit Obst gemischt werden.

Obst und Gemüse sollten jedoch aufgrund der Verdauung getrennt voneinander in einem Abstand von über 3 Stunden gegeben werden. Deswegen verwende ich in meinen Rezepten immer entweder Gemüse- oder Obstmischungen.

Alle Zutaten, die ich verwende, sind bio und im Biosupermarkt gekauft!
Für die Smoothies zum Mixen habe ich den Vitamix TNC 5200.
Für Leckerlis wie z. B. Bananenchips habe ich ein Dörrgerät und zwar den Excalibur Mini von Keimling.

Der Vitamix und Excalibur sind beide (auch auf Ratenzahlung)
zu bestellen bei: www.keimling.at

HEALTHY VEGAN DOGS

- **Naturreis**
- **Buchweizen**
- **Amaranth**
- **Hirse**
- **Quinoa**

immer wirklich weich kochen, denn die Hunde schlingen und zerbeißen nicht wie wir jeden Bissen bzw. jeden Happen!
Ich gebe meinen Hunden das gekochte Fressen immer lauwarm.
Wenn ich Obst oder Gemüse im Vitamix mixe, gebe ich jedes Mal ein bisschen Wasser dazu.

Lupinenpfannkuchen mit Green Protein Smoothie und Hanfpulver

Pfannkuchen
100g Lupinenmehl
150g Soja- oder Kartoffelmehl

Smoothie
¼ Kohl
2 Bananen (geschält)
1 Zuckermelone
(ohne Schale und Gehäuse)
1 Messerspitze Hanfpulver

Die Mehle mit Wasser vermischen und wie gewohnt Pfannkuchen machen.
Anschließend auskühlen lassen.
Für den Smoothie:
Den ¼ Kohl mit der Zuckermelone und einer Banane im Mixer mixen. In die Pfannkuchen die restliche Banane aufteilen, zusammenrollen und in maulgerechte Happen schneiden. Danach den Smoothie drüberleeren, 1 Teelöffel Hanfpulver dazu
und alles gut vermischen.

Rote Rüben-Kokos-Kartoffel-Napf

1 Rote Rübe (geschält)
5 mittelgroße Kartoffeln (geschält)
Kokosflocken (oder frische Kokosnuss geschält)

Die Kartoffeln weichkochen und anschließend kalt abschrecken und schälen (oder vorher schälen je nach Belieben).
Die Rote Rübe pürieren und dann mit den Kartoffeln und den Kokosflocken gut vermischen. (Nicht wie am Bild, da sich der Hund sonst mit den Kokosflocken verschlucken kann!)

Gemüse-Stew mit Kartoffeln und Kürbis

ca. 1 kg Hokkaidokürbis (geschält und ohne Kerne)
1 bis 1,5 kg Kartoffeln (geschält)
1 Zucchini
1 Brokkoli

Die Kartoffeln schälen und in einem großen Topf kochen. Den geschälten Kürbis ohne Gehäuse in kleinere Würfel schneiden und mit den Kartoffeln mitkochen. Die Zucchini und den Brokkoli klein geschnitten erst zum Schluss dazugeben.

Dem Hund das Fressen erst geben, nachdem es abgekühlt und lauwarm ist! (Der Kürbis kann auch roh, ohne Schale und Gehäuse, püriert einfach über die Kartoffeln gegeben werden.)

Quinoa Protein Power

150 g weiße Quinoa
1 Packung Rucola-Salat (Pflanzengrün)
1 Banane
1 Apfel
Hanf- und/oder Lupinenmehl

Quinoa nach dem ersten Aufkochen waschen, um die ev. noch vorhandenen bitteren Saponine auszuspülen, dann weiterkochen, bis sie weich aufgegangen ist und kalt stellen oder kalt abschrecken.

Rucolasalat, Banane (geschält) und Apfel (ohne Gehäuse) pürieren und mit Quinoa vermischen.
Je einen Teelöffel vom Hanf- und/oder Lupinenmehl darüberstreuen und ebenfalls gut vermischen.

Hirse-Flocken mit Zuckermelone

250g Hirseflocken
½ Zuckermelone (ohne Gehäuse und geschält)
1 TL Lupinenmehl

die Hirseflocken mit ca. 1/8 Liter warmen Wasser aufquellen lassen.
Die Zuckermelone pürieren und mit einem Teelöffel Lupinenmehl mit der
Hirse vermischen.

Buchweizen-Napf

150 g Buchweizen (vor der Zubereitung waschen)
½ Hokkaidokürbis (ohne Gehäuse und geschält)

Buchweizen kochen, bis er weich und gut aufgegangen ist, kalt stellen oder kalt abschrecken. Den Kürbis in kleinere Stücke schneiden und separat kochen, bis er weich ist. Auch kalt abschrecken und entweder pürieren und dazumischen oder einfach mit einer Gabel ein bisschen kleinstampfen .
Wenn der Buchweizen anfangs köchelt, verfärbt sich das Wasser rosarot (Farbstoff: Fagopyrin). Das sollte gut ausgeschwemmt werden und danach den Buchweizen mit klarem Wasser weiterkochen.
Das wird den Hunden schmecken, die meisten lieben Kürbis!

Buchweizennudeln mit Fenchel

1 Packung Buchweizennudeln z. B von Felicia
1 Fenchel (ohne Stiel)

Die Nudeln kochen, bis sie weich sind (das geht bei Buchweizennudeln relativ schnell) und kalt abschrecken. Den Fenchel pürieren und mit den Nudeln vermischen.

Dunkle Buchweizenpfannkuchen mit Erdbeeren

200g dunkles Buchweizenmehl
1 Tasse Erdbeeren

Das Buchweizenmehl mit Wasser vermischen (nach Belieben kann auch ein ¼ Liter Sojamilch verwendet werden) und wie gewohnt Pfannkuchen machen. Anschließend auskühlen lassen.

Die Beeren pürieren und die Pfannkuchen in kleinere Stücke zerteilen, im Napf anrichten und mit den Beeren vermischen.

HEALTHY VEGAN DOGS

Naturreis-Nudeln mit Kürbis

1 Packung Brown Rice Pasta (Spiralen oder Penne) von Felicia
1 Hokkaidokürbis (geschält und ohne Gehäuse)
1 TL Kokosflocken

Die Nudeln kochen, bis sie weich sind und kalt abschrecken.
Den Kürbis in kleinere Stücke schneiden und separat kochen, bis er weich ist.
Auch kalt abschrecken und entweder pürieren und dazumischen oder einfach
mit einer Gabel ein bisschen kleinstampfen .
Mit den Kokosflocken gut verrühren (nicht wie am Bild, damit sich der Hund
nicht verschluckt!)

Dunkle Buchweizenbrötchen mit Green Smoothie

200 g dunkles Buchweizenmehl
1 Packung Trockenhefe á 9 g (z. B. von Biovegan)

Green Smoothie
1 Packung Rucolasalat
1 Kopfsalat
1 Banane (geschält)
1 Birne (ohne Gehäuse)
1TL Spirulina

Backrohr vorheizen

¼ Liter warmes Wasser mit der Packung Trockenhefe anrühren, sodass keine Klumpen mehr entstehen und für 10 Minuten abgedeckt quellen lassen.

Dann das restliche Mehl dazugeben und so lange kneten, bis nichts mehr klebt und es ein glatter Teig ist. Es kann ruhig weicher sein und soll nicht zu fest zusammengeknetet werden, damit die Brötchen nach dem Backen luftiger sind. Anschließend für ca. 40 Minuten abgedeckt aufgehen lassen.

Danach kleine Brötchen formen und für ca. 15 Minuten bei 180 Grad im Backrohr aufbacken.

In der Mitte aufschneiden (Vorsicht heiß, wenn die Brötchen frisch aus dem Ofen kommen), damit sie auskühlen können.

Zwischenzeitlich alle Zutaten für den Smoothie im Mixer mixen.
Die Brötchen in kleinere Stücke aufteilen und mit dem Smoothie im Napf vermischen

SCHMATZ

Reis-Nudeln mit Apfel und Blattspinat

½ Packung á 500g Spiral-Reisnudeln z.B. von Probios
1 Apfel (ohne Gehäuse)
1 Handvoll Blattspinat

Die Nudeln kochen, bis sie weich sind und kalt abschrecken. Den Apfel mit dem Spinat pürieren und mit den Nudeln vermischen.

Naturreis mit Brokkoli und Zucchini

250 g Naturreis
1 Brokkoli
1 Zucchini
1 Messerspitze Spirulina

Den Reis waschen und gut kochen, damit er schön weich wird! Den Reis lieber etwas weicher kochen, denn Hunde können ihn dann besser verdauen. Hunde schlingen, sie beißen nicht wie wir Menschen.
Beachten Sie auch, dass Naturreis eine längere Kochdauer hat.
Danach kalt abschrecken, bis der Reis lauwarm ist.

Brokkoli, Zucchini und Spirulina pürieren und mit dem Reis vermischen.

RÜLPS (sorry, Hunde rülpsen oft so süß)

Soja-Gemüse-Puffer

1 Packung Sojaschnetzel à 150 g
2 EL Sojamehl
2 Kartoffeln
1 Karotte
1 EL Kokos- oder Olivenöl

Wer kein Öl verwenden möchte, kann die Puffer auch für ca. 15 Minuten
bei 180 Grad im Backrohr backen. Abkühlen lassen!!

Kartoffeln schälen und kochen, bis sie weich sind.
Sojaschnetzel ca. 20 Minuten in lauwarmem Wasser einweichen, gut abtropfen lassen und mit ein wenig Kokosöl in der Pfanne ca. 3 Minuten anbraten.
Die Karotte reiben und anschließend in einer Schüssel mit dem Sojamehl, dem Sojaschnetzel und den Kartoffeln vermischen.

Anschließend zu Puffern formen und in der Pfanne beidseitig goldbraun
mit wenig Kokos- oder Olivenöl braten. Abkühlen lassen!!

Buchweizenpizza

Pizzateig
150g heller Buchweizen
1 Packung Trockenhefe á 9g

Sauce
1 Zucchini
1 Karotte

Belag
1 Kohlrabi (geschält)
1 Zucchini

HEALTHY VEGAN DOGS

Pizzateig

Die Hefe mit ca. ¼ Liter warmem Wasser vermischen und für ca. 10 Minuten abgedeckt quellen lassen.
Dann das restliche Mehl dazugeben und kneten, bis nichts mehr kleben bleibt. Anschließend abgedeckt für ca. 30 Minuten aufgehen lassen.

Backrohr vorheizen.

Zwischenzeitlich die Karotte und Zucchini für die Sauce pürieren.
Den Pizzateig dann für ca. 15 Minuten bei 180 Grad im Backofen backen.

Wenn die Pizza fertiggebacken ist, die Sauce darauf verteilen und auskühlen lassen!

Zuletzt den Kohlrabi und die Zucchini in hauchdünne Scheiben schneiden und als Belag auf die Pizza geben.

Ich gebe meinen Hunden, wenn es Pizza gibt, immer die Pizzaecken mit der Hand zum Fressen.

Quinoa-Napf mit Erdbeeren, Ananas und Kokosflocken

150g weiße Quinoa
1 Tasse Erdbeeren (ohne Blätter)
½ Ananas (geschält)
1 Banane (geschält)

Die Quinoa waschen und kochen, bis sie schön weich ist.
Die Erdbeeren mit der Ananas und Banane pürieren und mit der Quinoa vermischen.
Die Kokosflocken auch unters Fressen mischen und nicht nur darüberstreuen, da sich der Hund sonst verschlucken kann.

Hirse-Napf mit Früchten

150g Hirse
1 Tasse Beeren
1 Banane (geschält)

Die Hirse waschen und kochen, bis sie weich ist, danach kalt abschrecken.
Die Früchte miteinander pürieren und mit der Hirse gut vermischen.

SABBER

Rezepte mit Gluten

Dinkelnudeln mit Blattspinat und Spirulina

½ Packung Dinkelfleckerln oder Bandnudeln (entspricht ca. 175 g)
1 Handvoll Blattspinat
1 TL Spirulina

Die Nudeln kochen, bis sie weich sind, kalt abschrecken und mit dem pürierten
Blattspinat und dem Spirulina gut vermischen.

Couscous-Napf mit Kohlrabi und Fenchel

250 g Couscous
1 Kohlrabi (geschält)
1 Fenchel (ohne Stiel)

Den Couscous waschen und kochen, bis er weich ist, danach kalt abschrecken.

Für Couscous nimmt man nur so viel Wasser, bis der Couscous damit ca. 1 cm bedeckt ist, da der Couscous beim Kochen das Wasser aufnimmt und aufgeht. Fenchel und Kohlrabi miteinander pürieren und mit dem Couscous gut vermischen.

SCHMATZ

Kürbiskuchen

1 kg Hokkaidokürbis (geschält und ohne Gehäuse)
250g Weizenmehl
1 Packung Trockenhefe á 9g

Backrohr vorheizen

Die Hefe zuerst mit 2 EL Weizenmehl und ein bisschen Wasser vermischen und ca. 10 Minuten quellen lassen. Den Kürbis pürieren, mit dem übrigen Weizenmehl und der Hefe verrühren, bis der Teig nicht mehr an den Händen kleben bleibt und abgedeckt ca. 40 Minuten quellen lassen.
Anschließend in eine Springform geben und für ca. 30 Minuten bei 180 Grad backen.

Gut auskühlen lassen!

Erbeer-Bananen-Torte

200 g Weizenmehl
¼ Liter Sojamilch (man kann auch Wasser nehmen)
1 Tasse Erdbeeren (immer ohne Blätter)
2 Bananen (geschält)
1 Packung Trockenhefe

Backrohr vorheizen

Die Hefe zuerst mit 2 EL Weizenmehl und Wasser vermischen und ca. 10 Minuten quellen lassen. Das übrige Weizenmehl mit der Sojamilch und der Hefe mischen und in eine Kuchenbackform geben, ca. 30 Minuten abgedeckt aufquellen lassen.

Anschließend zu einem Kuchen aufbacken und abkühlen lassen. Die Bananen mit den Erdbeeren pürieren und über den Kuchen geben. Vor dem Anrichten den Kuchen in kleine Stücke teilen.

Glutenfreie Leckerlis

Bananenchips

2 Bananen
1 Handvoll Buchweizenflocken
¼ Liter Sojamilch (nach Belieben, man kann auch Wasser nehmen)
1 TL Leinsamen geschrotet

Backrohr vorheizen

Alle Zutaten zusammen mixen, Chips formen und im Backrohr bei ca.
160 Grad 30 Minuten backen. Auskühlen lassen!!

Cashewnüsse

schmecken meinen Hunden und sie haben dadurch ein noch glänzenderes Fell
bekommen. Ich gebe ihnen ab und zu ein paar Cashews.

Gemüse-Lupinenkekse

100 g Soja- oder Kartoffelmehl
100 g Süßlupinenmehl
1 Karotte oder Gelbe Rübe
1 Brokkoli

Alle Zutaten mixen, Kekse formen und bei 160 Grad ca. 50 Minuten
backen. Vergessen Sie nicht, die Kekse in der Halbzeit zu wenden.

Auskühlen lassen!
Sie können auch Gemüseflocken aus dem Handel verwenden.

Roten Rübe-Amaranth-Kekse

1 Rote Rübe (geschält)
100 g Amaranthmehl
100 g Kartoffelmehl
2 EL Amaranthflocken

Backrohr vorheizen

Rote Rübe mit einer Reibe klein reiben und mit den anderen Zutaten vermischen.
Anschließend Kekse formen und bei 160 Grad ca. 50 Minuten backen. Die Kekse in der Halbzeit wenden.

Auskühlen lassen!

Gemüse-Quinoa-Kekse

100 g Quinoamehl
100 g Kartoffelmehl
1 Zucchini
3 Kohlblätter
1 Gelbe Rübe
1 Handvoll Blattspinat

Backrohr vorheizen

Gemüse klein schneiden, pürieren und mit dem Mehl vermischen, bis keine Klumpen mehr sind und ein Teig entstanden ist.
Ausrollen und ausstechen oder Kekse formen und bei 160 Grad im Ofen eine Stunde aufbacken. Kekse in der Halbzeit wenden.

Auskühlen!

schleck

Bananen-Kekse

3 Bananen (am besten immer vollreife Bananen verwenden)
150 g dunkles Buchweizenmehl

Backrohr vorheizen

Zutaten mit ca. ¼ Liter Wasser mischen, sodass eine weiche Konsistenz entsteht, aber nicht mehr stark klebt. Bei 160 Grad ca. 40 Minuten backen. Anschließend können bei offener Backofentüre (mit einem Löffel in der Tür eingeklemmt) und niedriger Temperatur die Kekse fertig getrocknet werden, damit sie härter werden.

Leckerlis mit Gluten

Soja-Bällchen
1 Packung Sojaschnetzel
2 EL Sojaflocken
3 EL Semmelbrösel

Sojaschnetzel für ca. 20 Minuten in lauwarmem Wasser einweichen und gut abtropfen lassen. Danach pürieren und anschließend mit den Semmelbrösel und den Sojaflocken zu Plätzchen formen und bei 160 Grad im Backrohr für ca. 30 Minuten backen.

Muffins

200 g Weizenmehl (klappt auch glutenfrei mit Buchweizenmehl)
1 Packung Trockenhefe á 9 g
Gemüseflocken oder 1 Karotte, 1 Rote Rübe, 1 Zucchini

Backrohr vorheizen

Die Hefe zuerst mit 2 EL Mehl vermischen und für ca. 15 Minuten quellen lassen. Das Gemüse klein reiben und mit dem Mehl gut vermischen, so dass vom Mehl keine Klumpen mehr entstehen und in Muffinsformen geben. Bei 180 Grad ca. 20 Minuten aufbacken.

Auskühlen lassen!

Brokkoli-Kekse

200 g Weizenmehl
2 Brokkoli
⅛ Liter Sojamilch

Backrohr vorheizen

Brokkoli pürieren und mit den anderen Zutaten vermischen und bei 160 Grad im Backrohr für ca. 60 Minuten backen.

Auskühlen lassen!!

Empfehlungen

Bücher:
Grüne Smoothies (GU Verlag)
Green for Life von Victoria Boutenko (Hans Nietsch Verlag)
The China Study/Die China Studie von T.Colin Campbell (Verlag systemische Medizin)

Filme: *alle Filme sind auch auf DVD und in deutsch erhältlich von diversen Anbietern)*
Earthlings (www.earthlings.com)
Gabel statt Skalpell (www.forksoverknives.com)
Food Inc
The Cove/ die Bucht (www.thecovemovie.com)
Blackfish (blackfishmovie.com)
HOME
Plastic Planet

Website von Martina Hinterwallner
www.jointheveganrevolution.at , www.dogsangel.at , www.delicious.or.at

weitere Informationen

Kunstpelz ist echt
http://www.kunstpelz-ist-echt.de

DER FLEISCHATLAS 2014
http://www.boell.de/de/fleischatlas

Welt Soja Bilanz
http://www.zeit.de/wirtschaft/2013-11/soja-bilanz

die Wahrheit über Milch
http://www.provegan.info/de/infothek/detailseite-infothek/kleine-zusammen-
fassung-der-gesundheitlichen-schaedigungen-durch-milchprodukte/

Multiresistente Keime: Ein wachsendes Problem
http://www.bunte.de/gesunde-ernaehrung/alltag-multiresistente-kei-
me-ein-wachsendes-problem-37632.html

tödliche Keime – Gefahr aus dem Stall
http://www.augsburger-allgemeine.de/wissenschaft/Toedliche-Keime-Die-Ge-
fahr-aus-dem-Stall-id28532472.html

Ascorbinsäure schadet ihrer Gesundheit
http://www.zentrum-der-gesundheit.de/ascorbinsaeure-ia.html

Dioxine im Fleisch von Schweizer Biohöfen
http://www.20min.ch/schweiz/news/story/19662262

US - Ärzte wollen Milch aus den Schulen verbannen
http://www.extremnews.com/nachrichten/ernaerung/117514048ff94f9

immer mehr Kinder ernähren sich in den USA vegan
http://www.baltimoresun.com/entertainment/dining/bs-fo-vegan-fa-
mily-20130320,0,6654871.story

Chlorophyll zehnmal wirksamer als Chemotherapie gegen Krebs
http://www.postswitch.de/wissenswertes/chlorophyll-zehnmal-wirksamer-gegen-krebs-als-ch

Fisch und Fischöl haben keinen Nutzen
http://www.sueddeutsche.de/gesundheit/fischoel-zur-infarkt-vorbeugung-maer-aus-dem-meer-1.1948697

Studie aus Kanada: ungesättigte Fettsäuren im Fisch sind garnicht gesund
http://www.huffingtonpost.de/2014/05/03/studie-kanada-fettsauren-fisch_n_5258739.html

Study confirms link between high blood levels of omega-3 fatty acids and increased risk of aggressive prostate cancer
http://www.fhcrc.org/en/news/releases/2013/07/omega-three-fatty-acids-risk-prostate-cancer.html

---

Impfungen können krank machen – auch unsere Hunde
http://www.zentrum-der-gesundheit.de/impfungen-tiere-ia.html

Impfungen von Haustieren
http://www.zentrum-der-gesundheit.de/ia-impfung-von-haustieren.html

PETA Recherche: Grausame Experimente für Tiernahrung
http://www.peta.de/iams#.Uznnx1xGFLU

Tierversuche für Tiernahrung
http://www.polar-chat.de/topic_295.html

Hund im Hundefutter
http://www.stern.de/panorama/futtermittelskandal-in-spanien-hund-im-hundefutter-1994911.html

Fleischlose Kost für Hund und Katze, die Wahrheit über Tiernahrung http://www.peta.de/vegetarischehundeundkatzen#.UznoMFxGF

HEALTHY VEGAN DOGS

veganer Hund Bramble wurde 27 Jahre alt (englisch)
http://www.care2.com/greenliving/vegetarian-dog-lives-to-189-years.html

Studie über den Gesundheitszustand vegetarisch ernährter Hunde
http://www.peta.de/studievegetarischehunde#.U9ZVeFZGFLV

Tierarzt Dr. Andrew Knight über vegane Haustierfütterung (englisch)
http://www.andrewknight.info/resources/Publications/Vegetarianism/AK-Veg-animals-Lifescape-2008-May-74-6.pdf

Artikel über vegane Hundeernährung von VEBU Vegetarierbund Deutschland
https://vebu.de/gesundheit/vegetarische-hunde-und-katzennahrung/1958-vegane-hundeernaehrung

Dr. Colin Goldner über vegane Ernährung von Hunden (englisch)
http://rageandreason.de/vegandogs.htm

Erik Axelsson: Forschung über die Anpassung an stärkehaltiger Nahrung in der Domestizierung vom Hund (Artikel in der Zeitung „Nature" vom 21.3.2013)
http://www.nature.com/nature/journal/v495/n7441/full/nature11837.html

über die Autorin:

Martina Hinterwallner ist Vegan Coach, bietet vegane Kochworkshops an und arbeitet auch als Hundetrainerin. Privat hat sie sich immer um Tiere gekümmert, wuchs mit ihnen auf und ist sehr naturverbunden.

Sie hat sich immer schon mit Ernährung beschäftigt und wurde sukzessive aus ethischen und gesundheitlichen Gründen im Frühling 2012 Veganerin.

Durch die vegane Lebensweise möchte sie noch mehr Menschen damit erreichen, ihren nicht veganen Lebensstil zu überdenken und gründete ihre eigene Initiative auf ihrer Website **www.jointheveganrevolution.at**

Wenn Sie Martina Hinterwallner für einen Vortrag einladen möchten, schreiben Sie bitte ein E-Mail an: **office@delicious.or.at**

Sie hat sich, seitdem sie Veganerin wurde, intensiv mit der veganen Lebensweise beschäftigt und immer mehr neue Rezepte kreiert.

Sie nennt ihre Speisen selbst: gesunde & intelligente Ernährung, die sehr lecker schmeckt und brachte ihr zweites Buch **„Delicious vegan, raw & Superfoods, die wirklich gesunde Küche"** für die Menschen heraus.

Ihr ist gesunde und reine Nahrung so wichtig, dass Sie Rezepte geschaffen hat, die ohne Öl, Zucker, Salz und Gluten sind. Sie selbst ernährt sich zu 60% von veganer Rohkost (wetterabhängig) und kocht für sich immer frisch. Für ihre Hunde sowieso!

Als Hundefreundin, Hunderetterin, Hundekennerin und selbst Hundemama ist ihr auch immer schon die Ernährung ihrer Hunde genauso wichtig gewesen wie für sich selbst.

Irgendwann kam der Moment, in dem sie dachte: Was für den Menschen nicht gut und gesund sein kann, ist es sicher auch nicht für den Hund!

Spenden

Ich werde immer einen Teil des Erlöses von HEALTHY VEGAN DOGS ansammeln, damit ich viele Brustgeschirre kaufen kann und sie bedürftigen Hundebesitzern geben kann. Ich tausche die Geschirre gegen das Halsband aus.
Wenn jemand Brustgeschirre hat, die er nicht braucht oder welche spenden möchte, bitte an: Martina Hinterwallner, Postfach 27, 1094 Wien, Österreich
DANKE

Ich bedanke mich im Namen der Tiere, dass Sie mich dabei unterstützen, ihnen zu helfen! Ich möchte vor allem für Hunde einen Platz schaffen, an dem sie sich für immer zu Hause fühlen! Da ich viel Leid selbst gesehen habe, unter welchen Missständen Hunde teils „leben" müssen, sehe ich es nicht nur als wertvolle Aufgabe und Pflicht, sondern es macht mich wirklich glücklich, die Hunde zu mir zu holen und für sie zu sorgen. Sie alle haben ein Recht auf ein schönes Leben!

So viele Tiere erleben die Hölle auf Erden, nur weil sie, obwohl frei in die Welt geboren, als Sklaven unserer Gesellschaft gehalten werden. Diese Tiere brauchen Nähe, Zuneigung, Wärme, Fressen, Liebe und einen sicheren Platz, an dem sie sich wohlfühlen.

DAS möchte ich den Hunden ermöglichen. **DANKE**

Spendenkonto

Kontoinhaber: Martina Hinterwallner Spende Tierschutz
Bankverbindung: Erste Bank
IBAN: AT412011182154784000
BIC: GIBAATWWXXX

Vegane Fertig Futter Marken

AMI DOG
YARRAH
O´CANIS Topinambur mit Süsslupine
V-Dog
BENEVO

Rezepte Verzeichnis

Rezepte glutenfrei

Lupinenpfannkuchen mit Green Protein Smoothie und Hanfpulver   33
Rote Rüben-Kokos-Kartoffel-Napf   34
Gemüse Stew mit Kartoffel und Kürbis   35
Quinoa Protein Power   36
Hirse Flocken mit Zuckermelone   37
Buchweizen Napf   38
Buchweizennudeln mit Fenchel   38
Dunkle Buchweizenpfannkuchen mit Erdbeeren   38
Naturreis Nudeln mit Kürbis   39
dunkle Buchweizenbrötchen mit green Smoothie   40
Reisnudeln mit Apfel und Blattspinat   41
Naturreis mit Brokkoli und Zuchini   41
Soja Gemüse Puffer   42
Buchweizenpizza   42
Quinoa Napf mit Erdbeeren, Ananas und Kokosflocken   43
Hirse Napf mit Früchten   44

Rezepte mit Gluten

Dinkelnudeln mit Blattspinat und Spirulina   44
Cous Cous Napf mit Kohlrabi und Fenchel   45
Kürbiskuchen   45
Erbeer - Bananen Torte   46

Leckerlies glutenfrei   47

Bananenchips, Cashewnüsse, Gemüse-Lupinenkekse   47
Roten Rübe-Amaranth-Kekse   48
Gemüse Quinoa Kekse   49
Bananen Kekse   49

Leckerlies mit Gluten   50

Soja Bällchen   50
Muffins   51
Brokkoli Kekse   51